高等职业教育设计专业教材

U0454755

建筑风景
钢笔淡彩写生

Architectural Landscape Pen
Light Color Sketch

主　编

顾振雷　杨　超
蒋聘煌　徐　斌　万　菁

副主编

杨子纬　丰　顺　郭爱臣
鲁　俊　吕珺芝　陈鹜杰

湖南大学出版社·长沙

内容简介

　　教材针对高校艺术设计专业在风景写生实践教学中存在的问题，结合写生实践教学过程中的经验，用通俗易懂的文字，从理论基础、常用工具、训练方法与步骤、学习要点等方面进行了生动翔实的描述，并附有对师生优秀作品的点评等内容，以求学生尽快掌握速写、钢笔淡彩等基本技法，提高手绘基础技能及设计素材的挖掘与收集能力。

　　本书可作为高等职业教育设计类专业基础教材，亦可作为设计爱好者的参考用书。

图书在版编目（CIP）数据

建筑风景钢笔淡彩写生 / 顾振雷等主编. — 长沙：湖南大学出版社，2024.2
　　ISBN 978-7-5667-3221-7

　　Ⅰ.①建… Ⅱ.①顾… Ⅲ.①建筑画-风景画-钢笔画-绘画技法 Ⅳ.①TU204.111

中国国家版本馆CIP数据核字（2023）第162020号

建筑风景钢笔淡彩写生
JIANZHU FENGJING GANGBI DANCAI XIESHENG

主　　编：顾振雷　杨　超　蒋聘煌　徐　斌　万　菁

责 任 编 辑：胡建华

装 帧 设 计：闻江文化

出 版 发 行：湖南大学出版社

社　　址：湖南·长沙·岳麓山　　　　邮　　编：410082

电　　话：0731-88821691（营销部）88821174（编辑部）88821006（出版部）

传　　真：0731-88822264（总编室）

电 子 邮 箱：hjhhncs@126.com

网　　址：http://press.hnu.edu.cn　　　印　　张：8.5

印　　装：湖南雅嘉彩色印刷有限公司　　字　　数：196千字

开　　本：787 mm×1092 mm　1/16

版　　次：2024年2月第1版　　　　印　　次：2024年2月第1次印刷

书　　号：ISBN 978-7-5667-3221-7

定　　价：56.00元

版权所有，盗版必究

图书凡有印装差错，请与营销部联系

作者简介

顾振雷

男，甘肃靖远人，硕士，讲师；现为湖南科技职业学院专业教师，湖南省美术家协会会员，湖南省工艺美术协会会员，湖南省青年美术家协会理事，湖南省群众文化学会美术专业委员会理事，岳阳市青年美术家协会副主席，湖南省室内装饰协会特聘培训专家教师；先后主编并出版《建筑风景速写技法与表现》《设计速写》《设计素描》《风景写生》《建筑风景写生技法与表现》《湖南科技职业学院艺术设计学院——写生作品集》等高等院校美术设计示范性教材；主持及参与多项省、厅级课改课题，所著 10 余篇有关教学教改的论文发表于国家、省级专业刊物；多幅油画、水彩作品入选国、省级美术展览并获奖。

杨超

女，湖南宁乡人，高级工艺美术师；现为湖南科技职业学院艺术设计学院教师，湖南省工艺美术协会会员，岳阳市青年美术家协会理事；所著论文在《中国住宅设施》《中国房地产》《大观》《明日风尚》《现代装饰》等刊物发表；主要参与"十三五"省级科学规划课题 2 项及多项校级课题；曾主编及参与编写《钢笔淡彩写生技法与表现》《设计素描》《湖南科技职业学院艺术设计学院写生作品集》等多本高校专业教材。

蒋聘煌

男，湖南永州人，硕士，副教授；现为湖南科技职业学院专业教师，湖南省美术家协会会员；先后主编和参编《建筑风景速写表现》《速写》《设计色彩》《色彩》《现代书籍装帧设计》等多本高等院校美术、设计示范性教材；近年来在国家级、省级刊物共发表论文数十篇，另有 2 篇论文获得省级三等奖；主持省市级课题 3 项，参与研究多项省级课题；美术作品多次入选省级以上展览及入编作品集出版；获省职业能力竞赛一等奖 2 次、二等奖 1 次，获国家职业能力竞赛三等奖 1 次。

作者简介

徐斌

男，江西东乡人，讲师；现为湖南科技职业学院艺术设计学院专业教师，艺术设计学院教务办公室主任；在国家、省级刊物上共发表 6 篇教学、教改论文，并多次参与省、院级课题研究；指导学生在省、市级创业、设计大赛中获奖；参与编写多本艺术设计专业规划教材。

万菁

女，湖南衡阳人，硕士，讲师；现为湖南科技职业学院专业教师；先后主编并出版《素描》《民间美术设计与实践》《平面设计基础教程》《Photoshop 中文版平面设计实例教程》等高等院校美术、高职高专艺术门类"十四五"系列教材；主持及参与多项省、厅级课题，在中文核心期刊、国家级专业刊物发表论文 10 余篇。

序

现代职业教育体系必须适应经济发展方式转变和产业结构调整要求，着力培养学生的职业道德、职业技能和就业创业能力，满足经济社会对高素质劳动者和技能型人才的需要。

写生实践是艺术设计学院各专业的基础课程，在整个专业学习中起到非常大的作用。通过写生实践，一方面，学生对大自然、对传统文化的艺术感知及洞察力得到了很好的培养。另一方面，师生双方增进了交流、沟通、理解，分享思想，探讨设计观念，很好地体现"教学相长"。因此，职业院校应充分结合艺术设计专业的特色，系统组织写生实践教学，最大限度地发挥该课程的训练目的，实现写生教学活动的价值。

而在艺术设计专业风景写生教学中，对建筑风景仅仅满足于再现客观自然形态是远远不够的，应引导学生面对客观形态进行写生研究，以表现建筑对象为主要内容，并在此范围中研究各种相关技法，对创造主观形态向再现自然形态超越，从而表现出建筑蕴涵的主体精神。指导老师应从学生的思维模式、观察方法等方面入手，引导学生由自然形态过渡到设计形态。让学生最直接、最便捷地与大自然零距离地进行接触观察。

但是，目前职业院校艺术设计专业写生实训教学，大多仍采用传统的写生模式，强调传统的绘画技法和固定的表现形式，不利于快速提高学生的绘画技能以及设计思维能力。因此，职业院校应充分结合艺术设计专业的特色，创新写生实践的形式，完善教学标准，才能最大限度地发挥写生实践的效果，实现写生教学活动的价值。

在这方面，湖南科技职业学院艺术设计学院近年来一直在进行积极探索。根据高职院校艺术设计专业特点，学院将外出写生实践由传统的水粉、水彩和油画等色彩风景写生形式，调整为速写、速记和淡彩写生的表现形式。写生实践过程中，学生通过对相关知识的学习，对钢笔速写、速记和淡彩写生的训练，迅速提高对物体造型及结构的敏锐观察力和提炼、概括、表现能力，并培养出对造型的审美能力和创造力。同时，要求学生注重了解相关的地域人文习俗及自然环境特征，提升收集素材、绘制草图和设计创作的基本能力。此外，通过写生实践，学院师生双方加强了交流，增进了理解，师生在写生实践过程中分享思想，探讨设计观念，达到了"教学相长"的目的。

2023 年 7 月

（蒋阳飞，哲学博士，高级政工师，现任湖南科技职业学院院长）

目录

1

理论与概述

1.1 色彩风景写生概述

色彩风景写生课程一直是高等院校美术及设计专业的一门重要必修课程。色彩风景写生是对客观物象的真实再现，是绘画者对客观景象综合提炼而创造出的艺术美。在这门课程的教学中，对于艺术设计专业的教师来说，最重要的教学环节是将传统的色彩风景写生从架上绘画形式转化为表现手法和多元化的现代写生模式，学生可以从色彩风景写生实践获取图形、色彩等设计语言，并结合专业方向的表现性训练，提升创造性思维能力。让学生更好地掌握这种基本的表现能力，以满足后续课程要求和职业的需求。

1.1.1 色彩风景写生的概念

风景写生是以自然景物为描绘对象，通过对自然景物的刻画传递人类情感，它是集个体审美情趣、主观思维、情感抒发于一体的一项艺术活动。这项艺术活动主要以物化的方式保留、凝固绘画者写生时的美好感受。风景写生课程，旨在培养学生的观察能力、表现能力、概括能力和联想能力（图1-1）。

1.1.2 色彩风景写生的发展简史

在东西方艺术漫长的发展史上，风景画有其萌芽、发展、演变的悠久历史过程，随着人类思想的启蒙和社会的不断进步，自然世界也逐渐成为艺术家的表现对象。

（1）中国风景画的渊源

在中国的远古时期，古人将自己对自然景物的印象刻在石头上，借此表达对自然界以及早期社会形态的认识和情感。在陕西咸阳东郊

图1-1　室外建筑风景写生

发现的一幅秦宫残缺壁画里，可以隐约看出绘有楼阁、植物、山峦等风光景象。我国现存最早的一幅描绘风景的绘画作品是隋代展子虔的山水画（图1-2），画面表现了游人在阳光和煦的春天里出游的场景。这幅作品表现出的风光景象，表明我国古代艺术家已开始在绘画作品中注意表现人与自然环境的关系，这对中国山水画艺术的发展起到了重要的铺垫作用。中国古代山水画家不仅注重观察自然景物的特点，更加注重将个人的艺术感受融入自然景物中加以抒发，从而造就出山水画至高的艺术境界。从唐代王维的《江山雪霁图》（图1-3），宋代王希孟的《千里江山图》、张择端的《清明上河图》，元代黄公望的《富春山居图》里，都可以看出画家通过画面表达的对自然景物的深刻感受。中国古代山水画家们极为注重画面的人文精神，不过分关注刻画自然对象的比例、透视及客观物体的外形，他们追求思想精神刻

图 1-2 《游春图》 展子虔（隋）

画，根据自我心态，将客观自然景物进行理想化的主观艺术处理，更注重人文精神的体现，只要能体现出画家的艺术思想，客观的外形并不会成为艺术家的羁绊。经过历代中国画家不懈的努力和追求，中国山水画及理论形成了独特的艺术面貌和体系，为今天的风景画的艺术实践奠定了坚实的基础（图 1-4 ~ 图 1-6）。

图 1-3 《江山雪霁图》 王维（唐）

（2）西方风景画的发展

自古埃及到古罗马、古希腊，从欧洲中世纪到文艺复兴时期，风景画一直依托于人物画而呈现。但从 15 世纪意大利佛罗伦萨画家桑德罗·波提切利作品《春》（图 1-7）中绿意盎然的森林背景、16 世纪荷兰乡村画家勃鲁盖尔《雪中猎人》（图 1-8）的田园风光，到 17 世纪荷兰画家雅各布·凡·雷斯达尔的《大橡树》中的苍天古树（图 1-9），我们可以清楚地看到西方早期风景画逐渐脱离依附于人物画，走上了一条独立发展的道路。

风景画艺术在欧洲经过数百年的发展洗礼后，在 17 世纪真正成了一个鲜明且成熟的画种。18~19 世纪，以约翰·康斯特布尔、约瑟夫·马洛德·威廉·透纳为代表的一大批英国画家将风景画作为一种体裁，使风景画进入了一个繁荣发展的阶段。英国风景画家对自然景物鲜明流畅的色彩写生表现手法也带动和影响了法国风景画的大力发展，例如，出现了卡米耶·柯罗、让·弗朗索瓦·米勒等一大批艺术大师，推动了法国风景画艺术的繁荣兴盛（图 1-10 、图 1-11）。

图 1-4　《千里江山图》　王希孟（北宋）

图 1-5　《清明上河图》　张择端（北宋）

图 1-6　《富春山居图》　黄公望（元）

随着科学的进步，及透视学、光学、色彩学等一系列学科知识的出现与发展，风景画艺术得到了新的延伸。印象派画家由于对光与色彩产生新的认识和更深入的理解，对大自然顶礼膜拜，对"光与色"极致追求，激发了他们在户外对大自然景物直接进行写生创作的更大热情。一大批印象派画家如莫奈、塞尚、马奈、梵高等，他们以精湛的风景画表现手法征服世界，使风景画在世界艺术历史上取得了辉煌的成绩并占据了重要的地位（图1-12～图1-15)。

（3）风景写生的意义

色彩风景写生课程作为艺术设计专业基础的主干课程，其目的主要是开阔学生的视野，增强对大自然的理性认识，从而激发他们树立"以人为本"的设计理念。正确对待户外写生课程，是刻不容缓需要推行的教学理念。户外写生除了能让学生深入生活，聆听自然，更重要的是可以在教学中最大限度地培养学生动脑、动手、思考的能力，拓展创新意识和创新思维，在创新方法中训练创新能力。学生们在写生中通过对景色的联想对想象的挖掘和升

图1-7 《春》桑德罗·波提切利（15世纪，意大利）

图1-8 《雪中猎人》 勃鲁盖尔（16世纪，荷兰）

图1-9 《大橡树》 雅各布·凡·雷斯达尔（17世纪，荷兰）

图 1-10 《纳尔尼河上的桥》 卡米耶·柯罗（19世纪，法国）

图 1-11 《拾穗者》 让·弗朗索瓦·米勒（19世纪，法国）

图 1-12 《埃特尔塔的悬崖》莫奈（19世纪，法国）

图 1-13 《缢死者之屋》 塞尚（19世纪，法国）

图 1-14 《插满旗帜的蒙尼耶街》马奈（19 世纪，法国）

华，为以后的设计创作积累了原始素材。同时，这也是创作灵感的生活来源之一。因此，写生是艺术家与设计师艺术追求永无止境的最有效的实践活动（图 1-16、图 1-17）。

在写生中，教师必须引导学生懂得通过主观的想象把自然景观升华到形式美的境界中，并将自然景观有意识地强化到主观的创意中，甚至可以转变原有的自然形象，而不局限于客观地再现描绘。所以，设计专业的风景写生训练必须改变以往纯艺术类绘画基础教学观念，突出设计对思维的引导，强调造型能力和设计思维相结合，形成一种新型的风景写生教学体系，使之与设计课程联系得更加紧密，更加符合艺术设计专业的教学特点。

图 1-15 《普罗旺斯的干草垛》梵高（19 世纪，荷兰）

图1-16 《南湖畔》水彩 刘文良

图1-17 《山里人家》油画 顾振雷

1.2 建筑风景钢笔淡彩写生概述及相关知识

美术史上"写生"一词出自五代"工画而无师，惟写生物"的滕昌祐，此后，凡是国画临摹花果、草木、禽兽等实物的都叫写生。高校艺术设计专业校外写生指的是教师带领学生通过走访具有代表性的实践场地，在实践中深入观察和理解艺术设计、创作等方面的规律、技巧等理论，进而提升个人的审美能力、创新能力，并且为后续的专业学习提供素材积累和经验支撑。但在教学实践中，教师往往疏于区分美术学与设计学写生课程之间的差异，更多强调一般性的写生问题，诸如风景写生的基本规律、基本构图的训练，局限于对客观物象的真实再现，从而造成写生实践课程与之后的专业设计实践课脱节，影响基础课与专业课的正常接轨。

钢笔淡彩是诸多画种中一种独立的绘画表现形式，而审美观察是钢笔淡彩写生的前提，它涉及对景物的取舍、构图、色彩等表现。风景钢笔淡彩写生的过程还是体验自然、感受自然的过程。

随着现代科技水平的提高，计算机辅助设计的广泛应用，数码影像的普及，艺术设计专业的学生开始忽略手头绘画的表达。

建筑淡彩快速表现是艺术设计专业色彩风景课程表现的最佳手段，它不仅是提高专业素养的理想途径，更是艺术设计表现不可缺少的一项基本功训练。表现能力强的设计师能熟练地运用淡彩这一独特的表现形式，将其设计思路徒手、快速地表达出来，为下一阶段方案的完善提供第一手鲜活的资料，其生动性、灵活性是电脑软件所无法取代的。

从事环境（室内）空间设计、数字媒体设计、服装与服饰设计等设计专业的学生若不掌握快速表现的基本技能，就很难进行专业相关的空间形象表现和构形思维表达。艺术设计专业的徒手表现能力，很有必要通过建筑风景钢笔淡彩写生训练来进行提升。建筑风景钢笔淡彩快速表现具有完美的艺术价值和审美价值（图1-18~图1-21）。

图1-18 园林手绘 万菁

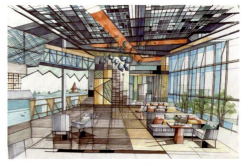

图1-19 室内空间手绘效果 杨超

图1-20 服装手绘 张薇

图 1-21 创意设计手绘 廖宝松

因此，组织学生前往太行山、皖南和井冈山等具有特色建筑且风景优美的地方进行建筑风景写生，能够让生活在和平年代的学生，踏上红色沃土，重温红色经典，传承革命精神，发扬革命传统，坚定理想信仰，增强对现今美好生活的幸福感（图1-22）。

1.2.1 建筑场景钢笔淡彩快速表现的意义

根据艺术设计各专业发展的方向，色彩风景课程改变传统的水粉、水彩、油画的色彩写生方式，提倡以钢笔速写、钢笔淡彩为主的写生模式。旨在培养设计专业学生的动手能力，脑、眼、手的相互协调能力和表现能力，敏锐的观察力和艺术概括力及空间思维能力。

1.2.2 建筑场景钢笔淡彩快速表现的特点

快速表现是在短时间内用简洁概括的表现手法，描绘出建筑场景空间特征的一种绘画形式，具有高度概括、简练和个性鲜明的特点（图1-23）。

1.2.3 建筑场景钢笔淡彩快速表现的表现形式

（1）以线条为主的表现形式

指运用线条归纳物象的形态、结构特征、神韵特点的造型方法。线条是最简洁、最精炼、最迅速、最明确的造型手段，是速写的表现语言。

通过线条的疏密排列和相互衬托，可表现建筑空间层次、画面的主次和形体之间的关系。画面的主体和趣味中心用密集的线条来表现，结构形体中比较单纯的部分用疏散的线条表现，从而形成画面的疏密关系。用中国传统的美学观点概括为八个字："疏可走马，密不透风"（图1-24）。

（2）以明暗调子为主的表现形式

由于光的因素，我们看到同一物体、同一色彩会呈现出不同的深浅与明暗变化。在平面的纸上塑造三维的具有深度空间关系的形体造型，正是运用了这种明暗阴影关系。建筑风景速写多运用明暗调子的对比，表现建筑与环境

图1-22 太行山写生期间在谷文昌纪念馆学习

图 1-23　钢笔淡彩　顾振雷

图 1-24　线条为主的速写　张辉

所呈现的光影变化，可使建筑的环境结构、造型、体积、空间表现得更加厚实凝重，光感效果丰富而精彩，有如山中的白云，能使山变得光怪陆离、神秘莫测（图1-25）。

（3）线条与明暗调子结合的表现形式

线面结合是建筑速写最为常用的艺术语言。线面结合既有准确的、肯定的线的表现特征，又有加入色调关系使之厚实凝重的明暗技巧特性。

（4）装饰性的表现形式

装饰性速写是指对具体事物进行装饰、美化和加工，它决定了建筑速写的整体风格、形式特征和艺术语言的装饰意味，是对建筑风景进行的概括、取舍、归纳、组合、重构，主观性更为强烈。表现手段有夸张、变形、抽象、简化和添加。装饰性速写表现方法可以开发学生的主观创造性思维（图1-26）。

（5）钢笔速写与淡彩结合的表现形式

钢笔淡彩狭义上指的是在钢笔线条速写的底稿上，用水彩着色。而在广义上钢笔淡彩的范围已经被大大拓展，对于淡彩我们可以用彩铅、水粉、马克笔甚至油画棒等材料着色，只要是能在钢笔速写的底稿上和谐地运用色彩来表现物体的立体感、空间层次感，能充分营造出画面氛围的方式，都可以大胆尝试（图1-27）。

图1-25 明暗调子为主的速写 sketch_forum（韩国）

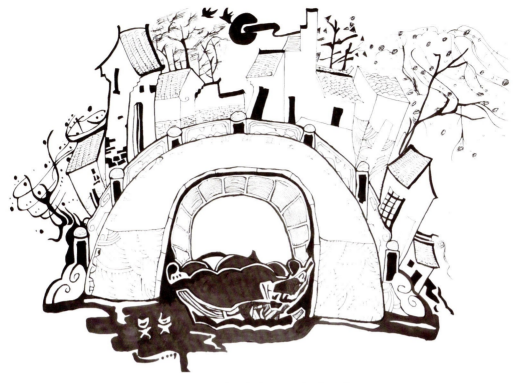

图 1-26　装饰性钢笔速写　谭依（学生作品）

图 1-27　建筑钢笔淡彩写生　吴波

2

感悟力、创造力和表达力的培养

2.1 学习建筑风景钢笔淡彩

2.1.1 敢于动手，增强自信心

初学建筑风景钢笔淡彩时不免有些紧张，拿起笔来迟迟不敢下笔，这也许是因为我们缺少对形态、比例及空间透视等诸多关系的理解，脑、眼、手不够协调，画起来不够自信，画出来的作品自然也会比较生硬。回忆起小时候，我们乐此不疲地在地上、墙上涂鸦，学生时代在课本、作业本上拿笔宣泄，这些无一不是大胆的速写行为。所以，在具体练习时还要靠经验来帮助我们（图2-1、图2-2）。

2.1.2 开阔眼界，提高鉴赏力

想画好建筑风景钢笔淡彩，首先要学会欣赏。欣赏优秀的作品对我们是十分有益的。对于名家的作品，我们不能单纯地以"好不好""像不像"来评判，而是要站在特定的

时期去分析、去感受，学会领悟他们对感情的表达和创作的体验。当然，在提高自我鉴赏能力的过程中，除了学习优秀的画作以外，对于美学、文学、历史等理论的学习也是至关重要的。艺术品种的界限模糊化，是当代艺术的特征之一，但并不妨碍扩宽眼界，培养自我对艺术的感受能力，提高艺术的主观性（图2-3、图2-4）。

2.1.3 掌握方法，发掘自身潜力

（1）临摹

初学画画时，老师会让我们临摹作品，从中慢慢地学会画画，所以临摹是初学者常用的学习方法之一，对于中国学生来说这也是学习绘画比较易于见效的方式之一。对优秀作品进行临摹，既熟悉了构思与构图，又了解了风格与手法。虽然临摹是一种不错的

图2-1 《人物速写》 毕加索（西班牙）

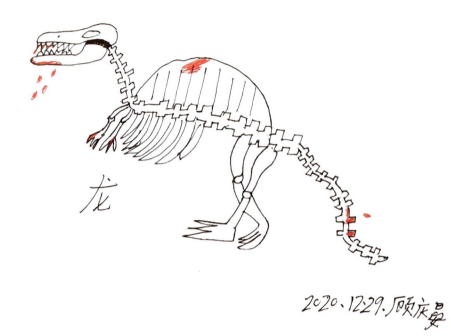

图 2-2 《恐龙》 顾庆晏（7 岁）

图 2-3 水彩 刘文良

图 2-4　建筑风景　吴冠中

学习方法，但也要注意把握好学习的方向，不要深陷临摹而循规蹈矩，从而失去创造力（图2-5）。

（2）培养写生习惯

写生对于初学者来说是一大挑战，但坚持写生是提高手头功夫、培养审美情趣、保持绘画新鲜血液的好方法。写生能够逐步锻炼和提高我们的形象概括能力和手头表达能力。在课余，不妨走进博物馆、走进花房、走进古村落随时随地动笔写生。在写生过程中，可以大胆地将写实和写意相结合，不要总是拘泥于找准外形，一定要找到绘画的乐趣。

写生不仅可以为习作解决素材问题，还可以将写生和创作二者的优点结合起来。其实写生只是一种作画的方法，逐步将写生与艺术创作结合，则有助于设计思维的培养和创作能力的提高（图2-6）。

（3）惯于草图创作

钢笔淡彩写生的训练可以从随意的涂鸦爱好开始，平时的练习，不一定要张张都是规整的图画，准确的表达，一板一眼的描绘。这样反而可能使自己感觉疲倦和无聊，甚至消退最初的创作欲望。而随意的涂鸦创作，是记录平时思维的最佳方法。想得有多远，纸面就有多宽广，甚至地面、黑板、报纸等都可以是表现的载体。所以不妨先陶醉于涂鸦式的创作，这会使我们具有充沛的灵感和敏捷的思维。要学会忘我地"乱画"，草图要"草"，速度要快，不然就追不上瞬间即逝的灵感（图2-7）。

图2-6　现场写生　刘泽华

图2-5　临摹手绘　廖宝松

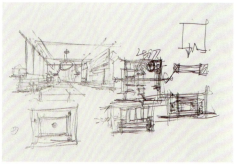

图2-7　室内设计草图　顾振雷

2.2 建筑风景钢笔淡彩的相关知识

2.2.1 材料与工具

　　严格地说，画种所使用的工具、材料，几乎决定了这个画种的视觉表现特征。工具和材料是从事绘画和设计不可缺少的，它们有自己的特点和个性，要善于和它们交流，挖掘出它们的潜力。这需要使用者细心揣摩，领悟其中的奥秘，将它们的特点在设计速写中充分展现出来。同时，工具和材料应为我们所用，不能让它们束缚住自己的手脚，应当利用它们创造出具有个人风格的作品。

（1）铅笔

　　铅笔的绘画特征是方便、可擦可改、应用自如，具有丰富的表现性。在我们初学钢笔速写时，也可以用铅笔先起稿。

（2）钢笔

　　钢笔有普通型钢笔、特普细钢笔、美工笔。其线条挺拔有力，富有弹性，其中美工笔更加灵活多变。用钢笔表现时可以线面结合，使画面效果丰富生动（图2-8）。

（3）针管笔

　　针管笔粗细型号不等，线条沉稳而挺拔，排斥组织效果极佳，能对画面进行深入细致的刻画。

（4）马克笔

　　又称麦克笔，通常用来快速表达设计构思，以及绘制设计效果图。马克笔有单头和双头之分，能迅速地表达出效果，是当前最主要的绘图工具之一（图2-9）。

（5）彩铅笔

　　水溶彩铅用来画风景画很好，水溶彩铅的铅质要比非水溶的细腻很多。一般很少尝试画完用水去溶解它，如果要溶解建议使用德国的辉柏嘉（图2-10）。

（6）毛笔

　　毛笔种类繁多，表现方式不同所使用的毛笔的毛质也各有不同，我们写生主要是以水彩方式表现的，所以一般选择毛质柔软富有弹性、吸水性强的羊毛笔（图2-11）。

（7）水彩颜料

　　水彩能准确地刻画建筑物的形体结构和丰富的细节，色不掩线，可相互补充（图2-12）。

图2-8　钢笔、水性笔　　　图2-9　马克笔

图2-10　彩铅

图2-11　水彩刷、毛笔　　　图2-12　水彩颜料

2.2.2 线条的形态与表现

（1）直线练习

线条运行的快慢、均匀、流畅程度都反映出一个人的心情和绘画水平。对于很长的直线或弧线，不好把握时，我们应该运笔放松，一次一条线；或分段画，中间留有空隙；或局部弯曲，但大方向较直（图2-13）。

（2）线的各种表现

线条本身是变化无穷的，它的变化体现在线条的表达与笔的选择和应用上。例如线条的曲直可表达物体的动静；线条的虚实可表达物体的近远；线条的刚柔可表达物体的软硬；线条的疏密可表达物体的层次等。只要将线赋予"质"的属性，就能表达对象的力感和美感，就能延伸出丰富多彩的内涵（图2-14）。

2.2.3 形式美法则

形式美法则，是人类在创造美的形式、美的过程中对美的形式规律的经验总结和抽象概括。主要包括：对称均衡、单纯齐一、调和对比、比例、节奏韵律和变化统一。研究、探索形式美的法则，能够培养人们对形式美的敏感，指导我们更好地去创造美的事物。

掌握形式美的法则，能够使我们更自觉地运用形式美的法则表现美的内容，达到美的形式与美的内容高度统一。

运用形式美的法则进行绘画创作时，首先要透彻领会不同形式美的法则的特定表现功能和审美意义，明确诉求的形式效果，之后再根据需要正确选择适用的形式法则，从而构成满足需要的形式美。形式美的法则不是凝固不变的，尤其在风景写生时，随着光线及不可控的因素在建筑场景中不断变化，形式美的法则也跟着在不断变化。因此，在美的创造中，既要遵循形式美的法则，又不能犯教条主义的错误，生搬硬套某一种形式美法则，而要根据内容的不同，灵活运用形式美法则，在形式美中体现创造性特点。探讨形式美的法则，是所有美术学科共通的课题，在日常生活中，美是每一个人追求的精神享受。在西方自古希腊时代就有一些学者与艺术家提出了美的形式法则的理论，形式美法则已经成为现代绘画及设计的理论基础知识。在设计构图的实践上，形式美法则更具有它的重要性。

（1）变化与统一

变化与统一是形式美的总法则，是对立统一规律在画面构成上的应用。变化与统一

图2-13 直线练习

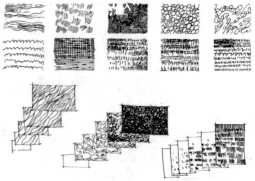

图2-14 各种线条练习

两者完美结合，是画面构成最根本的要求，也是艺术表现力的因素之一。变化是一种智慧、想象的表现，强调种种因素中的差异性方面时，通常会采用对比的手段，造成视觉上的跳跃，同时也能强调个性。统一是一种手段，目的是达成和谐。最能使版面达到统一的方法是保持版面的构成要素少一些，而组合的形式却要丰富些。统一的手法可借助

均衡、调和、秩序等形式法则（图2-15）。

（2）对比与调和

对比又称对照，把质或量反差甚大的两个要素成功地配列在一起，使人感受到鲜明强烈的感触而仍具有统一感的现象称为对比。对比关系主要通过色调的明暗冷暖，形状的大小、方圆，线条的粗细、长短、疏密，方向

图2-15 色彩统一与变化 刘郁兴

的垂直、水平、倾斜，数量的多少，距离的远近，图地的虚实、黑白、轻重，形象的动静等多方面的因素来达到。调和是对立面的协调和统一，产生于相互之间的差别的融合，是构成绘画形式美的法则之一（图2-16）。

（3）对称与均衡

对称与均衡是绘画形式美的基本原则之一，也是构图的基础，使画面具有稳定性就是对称与均衡的主要作用。对称与均衡本不是一个概念，但是两者具有内在的同一性——稳定。稳定感是人类在长期观察自然中形成的一种视觉习惯和审美观念。因此，凡是符合这种审美观念的造型艺术才能产生美感，反之，看起来就会使人觉得不舒服。对称与均衡讲的不是平均，而是一种合乎逻辑的比例关系。平均尽管是稳定的，但缺少变化，没有变化就没有美感，所以构图最忌讳

的就是平均分配画面。对称的稳定感特别强，对称能使画面有庄严、肃穆、和谐的感觉。比如，我国古代的建筑就是对称的典范。但是对称与均衡比较而言，均衡的变化比对称要大得多。因此，对称尽管是构图的重要原则，但在实际运用时采用得比较少，因为运用多了就会产生千篇一律的感觉（图2-17）。

（4）节奏与韵律

节奏原是指音乐中节拍的长短，这里指在绘画与设计中各元素（如点、线、面、体、形、色）给观者在视觉心理上造成的一种有规律的秩序感、运动感。它们可以是大小、轻重、虚实、快慢、曲直的变化所带来的秩序感。韵律原是指诗歌中抑扬顿挫产生的感觉，这里指在绘画与设计中要求各元素之间风格、样式在统一的前提下存在一定的变化，在某种程度下有一定的反复（图2-18）。

图2-16　色彩对比与调和　顾振雷

图2-17　构图对称与均衡　黄郴（学生作品）

图2-18　线条节奏与韵律　吴波

（5）取与舍

取与舍是绘画构图中需要完成的重要任务。在确定了主题、规定了选材范围之后，画什么、不画什么，究竟采用哪些具体的形象组织画面，以达到既简洁明快又能充分表现主题的目的的过程，就是取舍。取舍得当并不是个轻松的课题，形象素材过多会使画面繁杂冗余，画蛇添足，削弱主题；素材过少则又不足以说明主题。东方艺术中对取舍的处理是非常大胆和具有个性的。如中国戏剧中的室内环境设计，一张桌子、一把凳子、一面旗子就可以说明很多内容。"疏可走马，密不透风"也恰恰说明了中国画的取舍具有这种特性（图2-19）。

2.2.4 色彩的基本原理及表现

（1）色彩的调和

为使大家更容易理解色彩，我们通常用色相环表示出常用色。色相环种类分为6色相环、12色相环、24色相环、36色相环等（图2-20）。

所谓色彩的调和，就是具体解决画者在作画时如何调色的问题。

自然界的色彩是十分复杂的。我们必须学会用种类有限的颜料调成丰富多样的色彩，尤其是水彩颜料调色。为此，我们要了解颜料混合的规律。

①原色（颜料）。颜料中最基本的三种色为红、黄、蓝，色彩学上称它们为三原色，又叫第一次色。一般在绘画上所指三原色的红是曙红（品红），黄是柠檬黄，蓝是湖蓝。光的三原色和颜料三原色不同，这里我们只研究颜料的色彩知识（图2-21）。

颜料中的原色之间按一定比例混合可以调配出各种不同的色彩，而颜料中的其他颜色则无法调配出原色来。为了方便，作画时应该充分利用现成的颜料，这样可以节省调色时间。

图2-19　画面取舍　钟勇

②间色。三原色中任何两种原色作等量调和调出的颜色,称为间色,亦称第二次色(图2-22)。如以下原色调和方式。

红+黄=橙黄+蓝=绿蓝+红=紫

注:如果两个原色在混合时分量不等,又可产生各种不同的颜色。如红与黄混合,黄色成分多则形成中铬黄、淡铬黄等的黄橙色,红色成分多则形成橘红、朱红等橙黄色。

③复色。任何两种间色(或一个原色与一个间色)混合调出的颜色称为复色,亦称再间色或第三次色(图2-23)。如以下调和方式。

橙+绿=橙绿(黄灰)

橙+紫=橙紫(红灰)
紫+绿=紫绿(蓝灰)

由于混合比例的不同和色彩明暗深浅的变化,复色的变化繁多。等量相加可得出标准复色。

两个间色混合比例不同,可产生许多纯度不同的复色;三个原色以一定比例相混合,可得出近似黑色的深灰黑色。所以任何一种原色与黑色相混合,也能形成复色。即凡是复色都有红、黄、蓝三原色的成分。

复色是一种灰性颜色,在绘画和工艺装饰上应用很广。善于运用复色的变化,能使画面色彩丰富并产生色彩格调韵味的艺术效果。

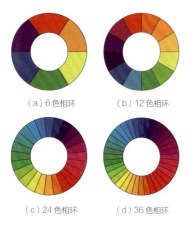

(a)6色相环　　(b)12色相环

(c)24色相环　　(d)36色相环

图2-20　色相环

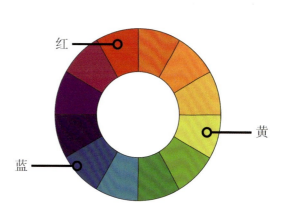

图2-21　原色

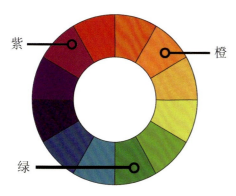

图2-22　间色

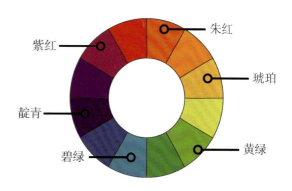

图2-23　复色

④补色。一般指互补色，绘画中定义为色环中成180°角的两种颜色。如红色与绿色、黄色与紫色、橙色与蓝色等色组为互补色。补色的调和和搭配可以产生华丽、跳跃、浓郁的审美感觉。但补色若以高纯度、高明度、等面积搭配，会产生比对比色组更强烈的刺激性，使人的视觉感到疲劳（图2-24）。

⑤邻近色。在12色相环上相邻的二至三色对比，色相距离大约30°（图2-25）。

（2）色彩的三要素

①色相。顾名思义，即色彩的"相貌"，不同颜色呈现出不同的"相貌"便叫色相。如红、橙、黄、绿等，色相就是颜色的种类和名称，它是色彩显而易见的最大特征。

图2-24　互补色

图2-25　邻近色

自然界的色彩非常丰富，许多色彩难以叫出它的名称，只能大致地形容为这是偏黄的灰绿，那是暗枣红等。观察色相时要善于比较，即使相似的颜色，也要从中比较出它们不同的地方。如红颜色有朱红、曙红、玫瑰红、深红的区别。

②色度。是指色彩的明度。明度即颜色的明暗、深浅程度，为色彩的素描因素。明度有两种含义：一是同一颜色受光后的明暗层次，如深红、淡红，深绿、浅绿等；二是各种色相的明暗比较，如黄色最亮，其次是橙、绿、红，青较暗，紫最暗。画面用色必须注意各类色相的明暗和深浅。

③纯度。颜色除了在明度上的差别外还有纯度的差别。纯度是指一个颜色色素的纯净和浑浊的程度，也就是色彩的饱和度。纯正的颜色中无黑白或其他杂色混入；未经调配的颜色纯度高，调配后，色彩纯度减弱。

此外，用水将颜料稀释后，水彩和水粉亦可降低纯度，纯度对色彩的面貌影响较大。纯度降低后，色彩的效果会给人以灰暗或淡雅、柔和之感；纯度高的色彩较鲜明、突出、有力，但会使人感到单调刺眼；而混色太杂则容易让人感觉脏，色调灰暗。

④色性。即色彩具有的冷暖倾向性。这种冷暖倾向是出于人的心理感觉和感情联想。色彩的冷暖都是相对而言的。

暖色通常指红、橙、黄这类颜色；冷色是指蓝、青、绿这类颜色。所谓冷暖，是由于人们在生活中，红、橙、黄这类颜色使人联想起火、灯光、阳光等暖和热的东西；而蓝、青、绿这类颜色则使我们联想到海洋、蓝天、冰雪、青山、绿水、夜色等。

生活中的物象色彩千变万化，极其微妙复杂，但无论怎么变都离不开冷暖两种倾向，色彩的这种冷暖不同倾向称之为色性。

（3）色彩与色系

①无彩色系。无彩色系是指白色、黑色和由白色、黑色调和形成的不同程度深浅的灰色。无彩色系的颜色只有一种基本性质——明度，它们不具备色相和纯度的性质。在传统的水彩和钢笔淡彩中，白色颜料是禁止使用的，以免破坏画面的性能与感受。因此，画面主要是靠留白来体现光感及物象的固有色（图2-26、图2-27）。

图2-26　光照下的小院　秦宏

图2-27　湘北的雪　顾振雷

②有彩色系。有彩色系是指不同颜色，如不同明度和纯度的红、橙、黄、绿、青、蓝、紫色调都属于有彩色系。有彩色系是由光的波长和振幅决定的，波长决定色相，振幅决定色调（图2-28）。

（4）色彩的分类

①客观写生色彩。客观写生色彩在色彩表现中最为丰富、生动和直接，它追求对自然物象的直观感受，并用色彩准确、生动、逼真地再现。客观写生色彩研究的是物体的光源色、固有色与环境色的变化规律和相互之间的关系，以及物象的明暗关系，目的在于强调物象的真实存在性。客观写生色彩是我们认识色彩、表现色彩的基础与源泉（图2-29）。

②主观设计色彩。主观设计色彩是指对各种产品运用的色彩和运用各种设计表现的色彩，主要针对应用性领域的实际需要，如室内空间设计、工业产品设计、建筑景观设计等。主观设计色彩强调色彩的功能性、审美性和精神性，是一种创造性思维和对色彩的重新设计过程，是人为的色彩（图2-30）。

③装饰色彩。装饰色彩在观察方法和表现手段上有别于写生色彩，它不依赖于对自然物象色彩的写实，而是在自然物象色彩的基础上强调对自然色彩的主观概括、归纳、提炼。装饰色彩具有浪漫、简单和单纯之美（图2-31、图2-32）。

（5）建筑风景钢笔淡彩与传统风景写生的区别

①观察方法不同。传统风景写生要求科学地、客观地观察自然物象并分析自然景物的光源色、固有色和环境色的相互关系和变

图2-28　水彩小品　刘文良

化规律（图2-33）。

而钢笔淡彩是在自然色的基础上进行提炼、分析、概括，应用点线面等造型因素对自然物重新分析并主观设色（图2-34）。

②表现方式不同。传统风景写生要求如实地用色彩描绘所见之物，必须写实逼真地表现物象的结构、形状、色彩、空间以及质感（图2-35）。

钢笔淡彩要求在自然色彩的基础上主观设色，对形、色等进行大胆的主观概括和取舍，较为理性地进行创造和主观想象（图2-36）。

③艺术风格不同。传统风景写生具有逼真的感觉，给人一种真实感受，色彩的变化很微妙、细腻（图2-37）。

钢笔淡彩由于时间和材料的限制，形成了较为明显的装饰风格，其色彩具有夸张、浪漫、含蓄等特征（图2-38）。

④使用功能不同。传统风景写生注重绘画者自身感受，是画家内心的独白，它是一种纯用来欣赏的艺术品，不必考虑太多使用功能（图2-39）。

钢笔淡彩由于受材料、工艺等条件限制，一般以实用、经济、美观为设计前提（图2-40）。

图2-29 河畔秋韵 顾振雷

图2-30　园林手绘　丰顺

图2-31　屏山印象　丰明高

图2-32　屏山　王丰

图2-33　农家小院　熊琦

图 2-34　老房子 钟勇

图 2-36　屏山太白楼 曹冬明

图 2-35　老巷子 刘文良

图 2-37　西递村外 顾振雷

图 2-38　钢笔淡彩　钟勇

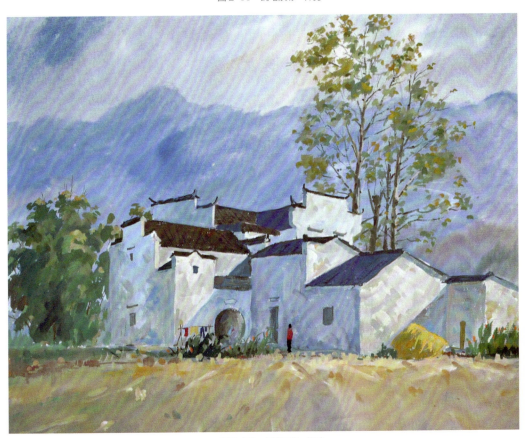

图 2-39　水粉写生　熊琦

图 2-40　钢笔淡彩　王丰

（6）建筑风景钢笔淡彩色彩空间表达

①依形设色，风格鲜明。

不同地域、不同类型、不同功能和不同材质的物象在造型和色彩上具有不同的特点，在上色时要善于把握物象色彩层面上所表现出的不同文化内涵，色彩必须表达出物象独特的艺术风格（图 2-41）。

图 2-41　钢笔淡彩　吴波

②整体着色，和谐统一。

在上色过程中，始终要从整体出发，在抓住大色调的前提下，进行适度变化，做到统一中求变化、对比中求和谐（图 2-42）。

③恰当用色，层次分明。

为表现物象的空间层次，用色时要牢牢把握近实远虚的原则。远处的物象用有收缩感、后退感的冷色或灰色；近处则用膨胀感、前进感的暖色或纯度高的颜色，以此来营造出层层递进的立体空间效果（图 2-43）。

④注重对比，主次明确。

根据色相、明度、冷暖对比原则，在表现主体物象时可主观加强色彩的明度、纯度和冷暖关系，减弱配景的色彩对比，从而增强主体物象的视觉冲击力，使得主次分明（图 2-44）。

图2-42 钢笔淡彩 钟勇

图2-43 屏山老屋 顾振雷

图 2-44　钢笔淡彩 钟勇

3

建筑风景钢笔淡彩知识及项目实践

3.1 建筑风景钢笔淡彩元素基础表现

项目1：树木及植被表现

植被是建筑风景写生中最常见的配景，也是比较难表现的物体。因气候和生长环境不同，植被具备不同的造型和姿态，因此，学画植被首先要学会观察各种树木的形态、疏密和质感，掌握枝干结构，这对树木的绘制很有帮助（图3-1）。

图3-1 树丛中的古建筑 熊琦

（1）树木的基本形状特征

画树木时首先观察其整体特征，然后观察树干、树枝的穿插规律。为便于理解，我们把树以几何形的概念概括为：球体、横竖向椭圆体、锥体和半圆体等（图3-2）。

（2）树木的结构特征

树木的种类复杂多样，其形体结构和姿态不尽相同，如何用钢笔去表现，是我们需要解决的问题之一。首先要掌握树木的基本规律，再去观察各种树木的个性特征，最后同中求异，其特点就出来了（图3-3）。

①树干的画法。树干的特征可以从树皮的纹理分辨出来，在画树皮的时候，粗糙的表皮用笔顿挫，光滑的表皮用笔多遒劲。树身不宜太直，太直则显得刻板；也不宜太曲，太曲则显得柔软无力，用线在方圆之间最佳（图3-4、图3-5）。

②树枝的画法。树枝结构错综复杂，有向上生长、平生横出、向下弯曲三种情况。画树时首先要注意树干的穿插，穿插能较好地体现出树木的空间关系，切记不要两两并生，如同鱼刺状，会缺乏错落的自然美感。其次注意疏密与动态的安排，对于部分琐碎的小枝进行概括和取舍。最后注意枝要果断、劲挺、灵活（图3-6、图3-7）。

③树叶的画法。树叶也是构成树木之美的重要部分，由于树叶存在四季更替，形状和种类繁多，初学者也许无所适从。画树叶时首先要观察树叶的形状及排列组合方式，再看整体的姿态与感觉，这样做在表现时会容易很多。其实画树的关键所在是取舍和概括。一般情况

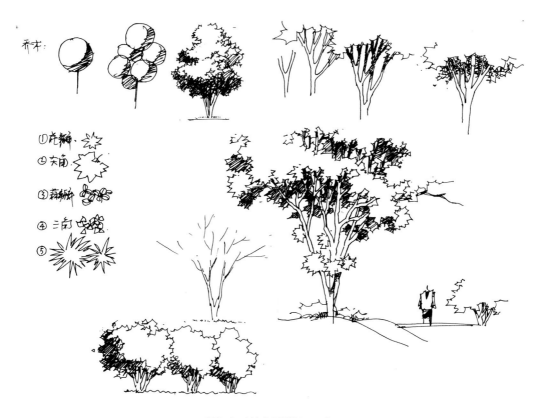

图3-2　树木的形状特征 邓蒲兵

图 3-3 篱笆围起的老屋 王丰

图 3-4 各种树干的表现 丰顺

图3-5 愚溪农家小院 蒋聘煌

图 3-6　树枝遮山　熊琦

图 3-7　树枝的表现　熊琦

下，会用密集的树叶和疏散的枝条形成深浅层次的变化；另外还要考虑外轮廓不要太规整，要有凹凸起伏的变化（图3-8、图3-9）。

④树根的表现。树根与树干密不可分，在画完树干后画树根，露根多少要根据树木的种类、石土的多少、画面的需要而定，通常石多土少处露根居多。无论露根多少，都要表现树木从土中崛起，坚韧稳固的特征（图3-10）。

常见树木的表现如图3-11、图3-12所示。

项目2：山石及地面表现

一张完整的建筑风景淡彩，不仅要表现建筑物，还要表现建筑物周围环境和一些客观存在的物体。通过杂草、碎石的表现能有效地丰富建筑钢笔淡彩的内容，使画面充满生活气息。

在表现时，要控制好造型，由疏到密分组逐步刻画，轻松表达出生动的效果（图3-13、图3-14）。

项目3：交通工具表现

作为风景写生配景中的交通工具，主要有各种机动车、自行车等。交通工具在风景写生中，起到烘托环境气氛的作用。交通工具安排得当，还能够平衡构图，给画面带来动感（图3-15）。

交通工具在表现手法及造型上要求比较高，线条须肯定且准确。所以，在表现交通工具时，首先要对其结构与透视要有深入了解，刻画时对形态的把握应做到胸有成竹，尽量用简洁、明快的线条来表现（图3-16）。

图3-8　局部树叶表现　丰顺

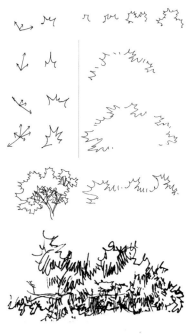

图3-9　远景树叶表现　丰顺

图3-10　树根 肖成林（学生作品）

图3-11　各种树干的表现 R.S.奥列夫（美国）

图 3-12　棕榈树　蒋俊（学生作品）

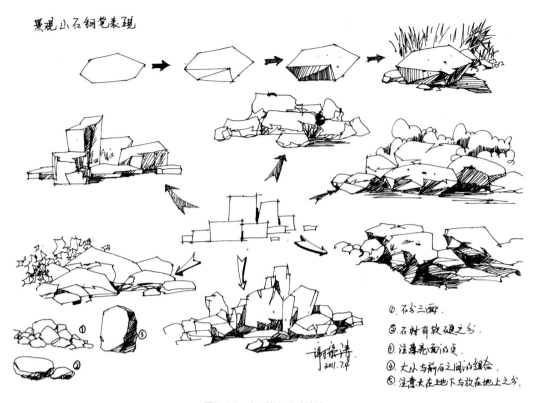

景观山石钢笔表现

① 石分三面.
② 石材有软硬之分.
③ 注意亮面的尖.
④ 大小与前后之间的组合.
⑤ 注意火在地下与放在地上之分.

图 3-13　山石的表现　谢宗涛

图 3-14　表现砖石的速写　吴波

图 3-15　带有车辆的速写 sketch_forum（韩国）

图 3-16　各种交通工具　丰顺

项目 4：人物表现

　　在建筑风景表现中，人物的填入能够给画面增添几分活力，虽然在画面中人物并不是重点，却可以体现建筑的尺度感和画面的空间层次。在表现人群时，特别要注意他们所处的视平线的位置，把握好透视关系。因为人在画面中属于从属地位，所以只需把人的基本动态和比例关系准确流畅地表现出来即可。但就透视而言，人物在画面中的作用的确不容忽视，人物在画面中的位置、大小、高低，不但能衬托画面的气氛，而且能加强画面的空间感；人物在画面中的高低、大小与视平线有直接的关系，如果画者是站在地面上写生的，因为站在地面上的人物眼睛的高度都在视平线上，所以头部都在画面同一高度，人物越远脚部就越往上，从而产生近大远小的效果（图 3-17、图 3-18）。

图 3-17　观光的游客　蒋俊（学生作品）

图 3-18　写生的学生　王丰

项目 5：天空云彩、山水表现

大自然中最丰富而变化莫测的莫过于天空飘浮的云彩和缓缓流淌的水面，在景色中富有动感。虽然天空在建筑钢笔淡彩中描绘得非常少，甚至因为主题或构图原因，对天空的表现可以视而不见，但有时因渲染气氛需要，天空的表现也会给画面增添不同的感觉。

①天空云彩。云的形态在高阔的天空中虽然无定性，但在光的照射下有体积和明暗变化，只要认真观察，就能用几何形体加以归纳和理解，或平直，或卷曲，或边际模糊，或轮廓分明，有如棉花般与蓝色天空交相辉映。所以描绘时要注意云彩不同的形态与走向动势，多加体会（图3-19）。

②山。在建筑风景钢笔淡彩写生训练中，对山的表现应该从学习传统的各种笔法入手。

但由于我们所用的工具是硬笔，不能够像软笔（毛笔）那样自如地表现出山石的各种皴法。所以许多山的纹理表现还需要我们在训练中进一步的提炼。远山上色时，要趁天空色未干时大笔触着色，注意笔触要顺山体结构用笔，色调要以蓝紫灰色为主。以湿画法可以表现出山间淡淡的蓝紫气，柔和淡雅，遥不可及，富有诗意（图3-20、图3-21）。

③水。对于水的形态的表现，就像表现连绵起伏的山峦一样，应注重其褶皱的形状、体面。用飘逸的线条或线条组成的方向块面，便可形成水的势态。当然，对静态水面和动态水面要分别加以处理，线条或舒或密，或长或短，要对景体会。同时，水中倒影的描绘也是增加画面的动态因素的表现手段（图3-22、图3-23）。

图3-19 云彩下的古村落 董路遥（学生作品）

图 3-20　上下的村落　熊琦

图 3-21　远方的山　熊琦

图 3-22　宏村南湖　王丰

图 3-23　秋韵水潭　顾振雷

3.2 建筑单体表现及相关知识

3.2.1 传统建筑文化及内涵

　　传统建筑反映了我国历朝历代的社会意识、经济基础、政治环境、民族信仰和建造水平。中国传统建筑的理想目标为"天人合一"，对生产、生活、生态空间的整体规划与布局进行择优选择。"天人合一"将生产、生活、生态空间、族人与地域紧密联系，因地制宜，满足聚落自给自足的小农经济要求，体现空间营造的地域性、经济性、生态性。其次，古代建筑师"师法自然"，探求"天道"与"人道"的和谐统一，借鉴自然元素进行创作，将空间看作是浓缩的、带有特色主题意趣的自然生命体，赋予空间唯一性、生态性。中国传统空间中的装饰元素多取材于周边自然环境，就地取材，发扬匠人精神，讲究美感，实现建筑结构与工艺美学的完美结合。例如徽州古建筑的石雕、木雕、砖雕、墙画等，它们工艺精美、主题鲜明、用料考究，是其中的典型代表。除此之外，建筑装饰、建筑小品承担了传统空间中的"不言之教"的功能，在教育尚未普及的时代，行使传播故事、传承文化的职能，是赋予居住空间寓教于乐之特性的典型（图3-24）。

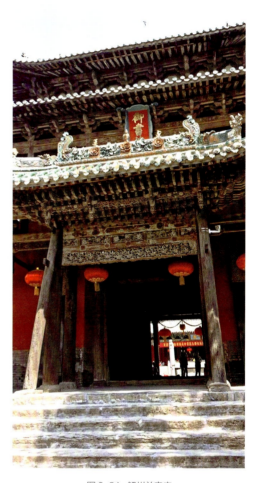

图3-24　解州关帝庙

3.2.2 建筑风景中的透视

（1）透视原理

　　①透视概念。透视是人为定义的，在观察和描绘某个三维场景或物象时，它是对能够体现物象视觉距离、符合视觉经验、正确反映客观实际的一种特殊认知工具的称呼。应用透视规律（即近大远小），我们就可以在只有二维空间的平面上表现三维空间特征的物体（图3-25）。

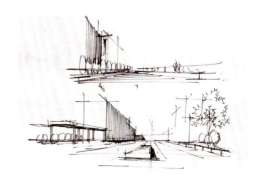

图3-25　透视草图　蒋勇军

②透视的基本规律。建筑风景写生中的透视现象是作者在分析物象时存在的客观变化情况（图3-26），存在如下规律：

a. 等大的物体：近大远小。

b. 等宽的距离：近宽远窄。

c. 等高的物体，在视平线以上，近高远低；在视平线以下，近低远高。

d. 近清晰远模糊，近鲜艳远灰暗。

③透视在建筑风景快速表现中的应用（图3-27）。

在建筑风景表现中，由于透视几何求法烦琐、画面机械呆板。为使透视在画面中不易失形，又能准确地表达出场景的透视，应注意以下几点绘画技巧：

a. 首先要确定画面透视的大致范围；

b. 在画面偏下的位置找到视平线，以画面偏下三分之一处最佳；

c. 确定消失点，对于成角透视而言，两侧消失点位于画面之外为宜；

d. 竖线与画面垂直，确定建筑各顶点和底点，连接各面相应的消失点，大的体块建筑透视基本成型，然后根据相应的透视勾勒出具体结构与形体。

（2）透视的分类与应用

①平行透视。平行透视也叫一点透视，是指立方体的某一面与画面平行时，与画面成90°的透视线均消失在一点上（图3-28、图3-29）。

②成角透视。立方体平置时，任何一个面与画面都不平行而成一定的角度所产生的透视现象叫成角透视，又叫余点透视或两点透视（图3-30、图3-31）。

图3-26 透视规律示意图

图3-27 深巷透视 蒋勇军

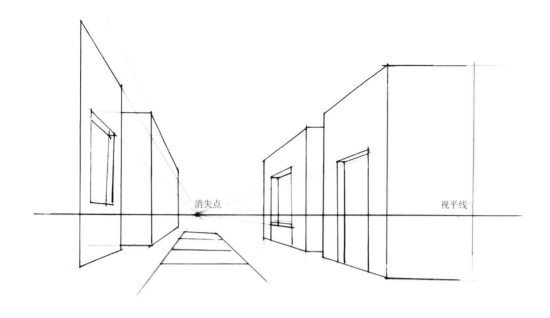

消失点

视平线

图 3-28　一点透视示意图

图 3-29　一点透视建筑速写　钟勇

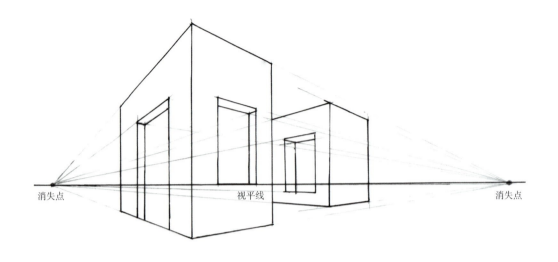

图 3-30　两点透视示意图

消失点　　　　　　　　　视平线　　　　　　　　消失点

图 3-31　两点透视建筑速写　顾振雷

③斜角透视。物体的平面（或方体的某个面）与水平面成一定的角度所产生的透视现象叫倾斜透视，又叫三点透视，三点透视又分仰视透视和俯视透视。

a. 仰视透视：是我们常用的视角，用于表现建筑物高大的气势（图3-32、图3-33）。

b. 俯视透视：用于表达场景较大的建筑空间环境（图3-34、图3-35）。

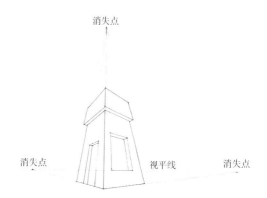

图 3-32　三点透视（仰视）示意图

图 3-33　仰视速写 yann.leroy（美国）

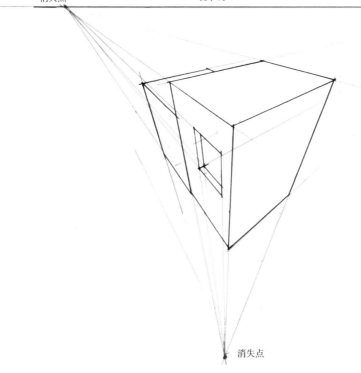

消失点   视平线   消失点

消失点

图 3-34 三点透视（俯视）示意图

图 3-35 俯视速写 王丰

④圆形透视。由于正圆的直径与外切正方形的边长相等，所以借鉴正方形的透视规律就不难推出圆面的透视变化规律（图3-36、图3-37）。

a. 前半径大于后半径。

b. 前半圆大于后半圆。

c. 离开正中线（视中线）时，圆面最长的线段已不是原来的水平直径。

d. 离视平线、正中线越远，圆面面积越大，反之则小。当圆心在视平线或正中线上时，圆面成一直线与其重合。

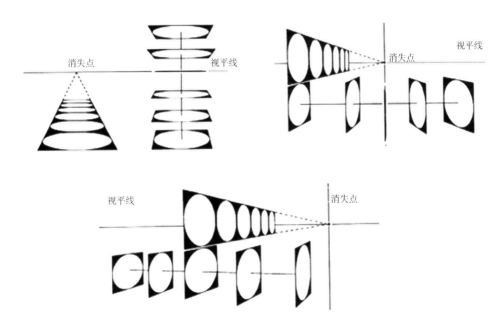

图3-36　圆形透视示意图

图3-37　带有拱形门窗的建筑　王炼

项目1：传统建筑表现

建筑物不是独立的个体，一般来说，它必须与周边的景观环境相互协调，建筑风景写生作为一种空间造型艺术，也恰恰体现了这一点。因此处理好建筑物与配景之间的关系，是完成一幅建筑风景写生的基础。如中国传统建筑的最大特点是利用木质结构，从整体到局部，构件大多采用了木制材料。所以，对风格各异的传统建筑进行描绘，需要有一定的学习方法和训练技巧。因此，对各种建筑进行分解练习，有利于学习与写生创作（图3-38）。

（1）屋顶、墙头的表现

古代传统建筑的屋顶、墙头所含的视觉审美元素较多，建筑场景表现中常把它们作为重点描绘对象。屋顶、墙头作为画面整体的一部分，在描绘过程中要根据画面整体关系的需要来确定其繁简程度。屋顶、墙头整体走势的大感觉以及与建筑比例和谐关系是首要捕捉的：正脊的势态、脊头的装饰、瓦片的大小都关乎建筑形象的塑造（图3-39）。在表现时注意以下几点：

①描绘时屋顶和墙头可以适当取舍和夸张。

②注意主次、明暗、虚实和留白在画面中的位置，要符合构图需要。

③构图中所处层次的近、中、远决定处理手法和深入程度。

（2）门窗的表现

门窗是构成建筑物最基本的元素，它不但丰富了建筑立面色调，而且在画面中有可塑性，是建筑物精神之所在，如同人物头部的眼睛，处理好能起到画龙点睛的作用（图3-40）。在描绘门窗时要注意以下几点：

图3-38　古建筑　顾振雷

①不深入刻画内部关系，注重结构和建筑外部及装饰物的细节表现。

②门窗上缘重，下端较浅，表现其深度感。

③对内部空间的描绘，用透视去理解，画出通透感，避免绘成一团漆黑。

④为满足整体关系需要，对装饰和纹理做相应的丰富处理。

（3）砖石的表现

不管是墙面还是地面（图3-41），也不管是详尽描绘还是轻描淡写，对砖石的刻画要避免简单乏味、平铺直叙。要根据不同石面材质在整体建筑中的比例来确定大小，以此来抓住它们的特征，避免将各种材质混为一谈。表现时注意以下几点：

图 3-39　屋顶表现　吴波

图 3-40　门的表现　钟勇

图3-41　巷子里的砖石　钟勇

①画砖石时要注意与整体建筑墙面或地面的透视要一致。

②注意处理墙面、地面与砖石的虚实对比，砖石之间大小均匀的对比。

③刻画时注意砖石竖缝隙要错开。

（4）建筑其他结构的表现

中国传统建筑重要特征是巧妙而科学地应

用木构架结构（图3-42~图3-44）。它采用木柱和木梁构成房屋的框架，屋顶和屋檐的重量通过梁架传递到立柱，这种木框架结构形成了一种独特的构件，就是房檐下的一束束斗拱，它传达与表现了中国传统建筑结构特征、功能与美感。除此之外，建筑中的斜撑、雀替，屋顶墙头上的起翘、出翘等装饰，都有自身的审美特点。

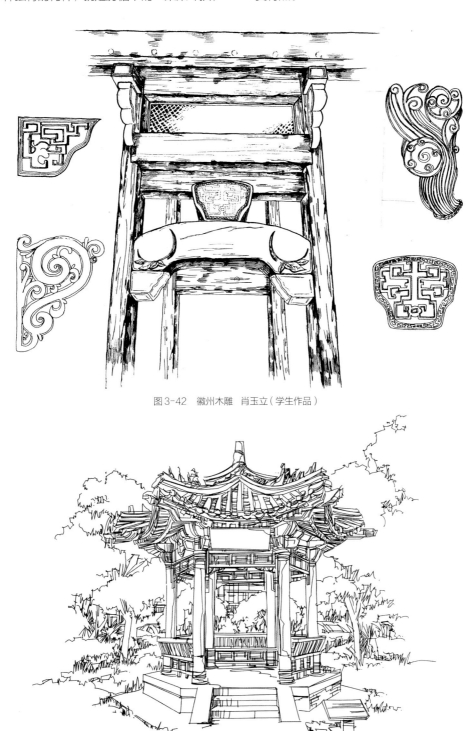

图3-42　徽州木雕　肖玉立（学生作品）

图3-43　古亭　顾振雷

图3-44 传统建筑局部 孟玲芝（学生作品）

项目2：现代建筑表现

现代建筑风格与传统建筑风格截然不同。色彩的活跃、材料的广泛、功能的便利已经成为现代建筑的风格特点。现代建筑风景钢笔淡彩速写也不同于传统建筑速写，它讲究笔触的流线型和力量感。须掌握现代建筑的构成、立面构图与形体穿插关系，刻画时注意细节处理与透视关系处理，适当进行主观艺术处理画面，效果会更加美观与丰富。主要有以下六个方法来体现现代建筑速写的特点。

①画面中有较大弧度的造型时，要用简练概括的线条来表现（图3-45）。

②在几个转折面不清晰时，可以统一由暗部调子来表现建筑的前后关系（图3-46）。

③很多建筑出现在构图中的时候，着重刻画其中一个建筑细节，来表现出画面的主次感（图3-47）。

④如果建筑的表面材料显现得的并不突出，则可以适当地夸张表现材质，增加画面的丰富度（图3-48）。

⑤表现高层建筑时，利用仰视透视表现，尽量使建筑看起来挺拔、高耸。

⑥表现低矮的大型建筑群时，重点刻画出与地面相连的部分，压住主体（图3-49）。

图3-45 弧形观景台 王炼

图 3-46　路口转角处的便利店　王炼

图 3-47　现代建筑群　王炼

图 3-48　建筑材质的表现　黄胤程

图 3-49　山间建筑　杜健

3.3 建筑组合表现及相关知识

3.3.1 关于选景

风景写生时，循序渐进的选景程序和作画步骤是关键。在选景时，应当首先解决风景中天、地、物三大空间结构的大色调等问题，然后再考虑较为丰富多彩的风景。如果大空间、总色调及色彩氛围把握不住，一味地对丰富多彩的细节感兴趣，会造成画面不协调，反而欲速则不达。

（1）以天、地、物三大关系明确空间层次

以天、地、物三大关系明确空间层次的目的是快速抓住不同的大色调及环境氛围，并通过训练来提高观察能力与表达能力（图3-50）。

（2）画面以前、中、远的物象为主

在构图时要根据选景的不同，灵活多变，除了天、地、物三大空间关系明确外，还要明确前、中、远三个基本层次的物象（图3-51）。

（3）选景要突出视觉中心

选景时除了注意以上两方面事项外，还要注意画面中的主次关系，这样不但能使画面内容更丰富、色彩更和谐，而且能让构图尽可能完美。

3.3.2 构思与构图

每一幅作品都离不开对整体形象的思考，构思和构图可以改变建筑场景的视觉冲击力，改变观者对现实形态的审美观。

构图是绘画表现的第一步，建筑风景钢笔淡彩的构图不应和创作一幅美术作品的构图相等同，因为它是在极短的时间内不受格局的限制，迅速地组织画面。

构图过程就是对表现内容的一种构思过程，因为构图的本身就意味着选择、从属和强调。它是一个可以表达明确意图的思维过程，即发现主题、组织题材、构建形式。它不是一

图3-50　"天、地、物"空间关系　蒋聘煌

般意义上的作画步骤，应是一个由始至终的作画过程。完美的构图从某种意义上讲，其本身就是一幅绘画作品，它有抽象的概念，有图形的概念，也有平面构成的概念（图3-52）。

（1）构图法则

①主体突出，中心明确（图3-53）。

②画面均衡，和谐统一。

③多样变化，整体韵律。

④关系明确，立意取舍。

（2）构图的基本样式

构图样式分为两大类：对称式构图和均衡式构图。

①对称式构图。主体图形置于画面中心，非主体图形置于两边起平衡作用，底形被均匀分割。对称式构图一般表达静态物象，它的样式有金字塔式构图（三角式）、平衡式构图、放射式构图等（图3-54~图3-56）。

②均衡式构图。主体图形置于一边，非主体图形置于另一边，起平衡作用，底形分割不均匀。均衡式构图一般表现动态内容，其构图样式有对角式构图、S式构图、V式构图、L式构图等（图3-57~图3-60）。

（3）构图形式和方法

构图是对画面内容和形式整体考虑安排，构图的原则是整体且合理。构图方法有以下几个要点（图3-61）：

①注意画面主体图形的位置。

②构图大小要适中合理。

③注意画面底形的位置与图形的关系。

图3-51 "前、中、远"空间关系 顾振雷

图 3-52 钢笔淡彩 吴波

图 3-53 建筑钢笔淡彩 吴波

图 3-54　金字塔式构图　顾振雷

图 3-55　平衡式构图　吴波

图 3-56　放射式构图　张辉

图 3-57　对角式构图　顾振雷

图 3-58　S 式构图　顾振雷

图 3-59 V 式构图 顾振雷

图 3-60 L 式构图 顾振雷

图 3-61　构图方法

建筑风景综合场景表现及相关知识

4.1 项目1：建筑风景场景速写表现及步骤

（1）对景观察、分析构思与构图

明确空间形态、空间关系，构思构图大小与形式。将复杂的物象整合成简单的几何透视和结构明确的形体关系。落笔时考虑主体与配景之间的关系，以及配景的取舍等（图4-1）。

（2）整体观察与表现

整体观察与分析是获取艺术视觉美感的重要前提，只有看得整体，才能画得整体。表现时注意外轮廓与内部形体关系，外轮廓在这里指的是建筑的基本形体结构和大的体面转折关系。首先建立大的体面关系，再由大到小，由整体到局部依次完成，切勿丢了西瓜捡芝麻（图4-2）。

（3）细部刻画与主客体塑造

在建筑主体的细部刻画中，门窗、建筑装饰是重要因素，在把握好画面虚实关系的同时，对近景的屋顶瓦片、门窗等深入描绘，加强画面视觉中心，弱化远处的细节，切勿喧宾夺主，主次不分（图4-3）。

（4）整体调整与完成

整体调整是一幅作品的最后阶段，国画里面有"大胆落笔，细心收拾"之说，也就是说画到越后面越要细心、精心加工调整，使画面更加丰富，主体与配景的关系更加明确，画面的艺术生命就会更加生趣（图4-4）。

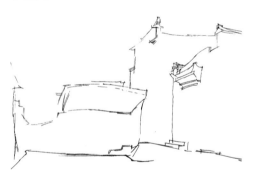

图4-1　步骤一

图4-2　步骤二

图4-3　步骤三

图4-4　步骤四

4.2 项目2：建筑风景钢笔淡彩（水彩）表现及步骤

（1）水彩画的概念及表现

水彩画形成于英国，传入我国已有三百多年的历史，受中国本土艺术文化的影响，其表现手段及媒介材质与中国画越来越相似。水彩颜料因其具有色彩鲜艳、易溶于水、附着力较强、透明度高和便于携带等特点，成为钢笔淡彩着色首选颜料（图4-5）。

①水彩画的概念。广义上讲，凡是用水作媒介，调和水性颜料作画的方法都可以看作水彩画，因此它包括水粉、丙烯、淡彩甚至中国画。狭义上来讲，水彩画通常指用水彩颜料，以水为调和剂，在纸本上作画的表现方式。水彩画具有两个基本特征：一是颜料本身具有透明性；二是绘画过程中水的流动性（图4-6、图4-7）。

②水彩画的艺术特点。水彩画是一个表现力很强的画种，它具备亮丽、飘逸、清秀的特点，又有湿润厚重的艺术效果。尤其是水与色相互交融形成的梦幻意境，是其他材料所没有的（图4-8）。

③配景中植被树木等上色具有如下要点（图4-9）：

a. 注意树木受光与背光的冷暖关系。

b. 笔触随意自然，注意留白。

c. 先画受光处的浅颜色，再画背光处的深色，最后衔接过渡色。

d. 着色时注意笔触与形体结构。

④自然风景的大色调要注意如下要点（图4-10）：

a. 认知大的气氛，大的色调。

b. 把握光色与物体的统一和谐。

c. 以少胜多，以简胜繁，主次分明，虚实相结合。

d. 把握近中远三层关系，体会不同的前后虚实效果。

图4-5　屏山水彩写生　刘文良

图 4-6 水粉写生 熊琦

图 4-7　宏村水彩写生　顾振雷

图 4-8　太行山下　顾振雷

图 4-9　河滩边　顾振雷

图 4-10　塬上　顾振雷

（2）钢笔淡彩（水彩）作画步骤

①完善线稿，调整思路。

要想描绘一幅优秀的钢笔淡彩作品，首先要完成一幅精彩的钢笔速写。在画建筑钢笔速写时要注意将画面大的布局安排妥当，尤其是建筑物的结构要交代清楚，透视变化要画得准确，画面的整体效果、虚实关系也要调整得尽可能完美（图4-11）。

②整体观察，把握色调。

根据水彩透明的特性，上色时要从上至下，由浅入深。如果画面风景植物偏多，在给植物上色时一定要把握好色彩的空间关系，比如前面的色彩相对偏暖时，越往后则越应偏冷，这样可以明显地拉开场景的空间关系。在上色时要注意水彩的特征，掌握一定的色彩规律和着色技巧，如色彩的明度、纯度、冷暖关系的处理，在确立大色调的同时，也要注意画面微妙的色彩变化，做到"变化中求统一，丰富中求和谐"。尤其注意画面中要避免"灰""脏""花""乱""粉"等问题的出现（图4-12）。

③把握水分，轻松刻画。

水彩对水分把握要求比较高，对于远景的色彩可以趁湿着色，让其呈现出朦胧感，界线对比不强使之产生空间感；对比强烈的转折处，则要等画面干透上色，避免结构不清晰。叠加色彩时不要反复涂抹修改，慢慢加深过渡。总之，水彩上色时要保持轻松的状态，下笔不要过于拘谨、生硬，缺乏灵气（图4-13）。

④整体调整与完成。

整体调整是钢笔淡彩的最后阶段。初学者选用小笔刻画景物细节和背光部分，丰富画面内容。留白的地方不要添加色彩，以此来强化画面的光感及透气的空间效果，从而增强画面的自然情趣，使画面更加生动（图4-14）。

图4-11 步骤一

图 4-12　步骤二

图 4-13　步骤三

图 4-14　步骤四

4.3 项目 3：建筑风景钢笔淡彩（马克笔）表现及步骤

（1）马克笔技法与配景表达

　　马克笔是艺术设计专业表现手绘常用的画具之一，其种类分为油性和酒精性两种，初学者或学生主要选择价格实惠的酒精性马克笔。

　　要想熟悉马克笔技法，首先我们要对马克笔的基本特性与笔法有基本的了解。马克笔的色彩丰富，着色简便，笔触清晰，表现迅速画面效果力极强。在表现建筑风景时，我们常选用不同色阶的灰色系列马克笔作色彩搭配。马克笔笔头有粗细方圆之分，作画时我们可以灵活转变角度及倾斜度，使画面出现不同效果和笔触，以此来增添画面的艺术感及形式感（图4-15）。

图 4-15　马克笔　刘郁兴

①马克笔基本用法。

马克笔调色是非常困难的，想要调准颜色除了多买不同色号的笔之外，主要还是靠自己多加体会颜色间细微的差别。马克笔笔触中，直线是最难把握的，起笔和收笔力度要轻且均匀，下笔要果断，才不至于画歪。线条要平稳，笔头要完全接触纸面，这样线条才能达到想要的效果。运用垂直交叉的组合笔触，表现笔触变化，丰富画面的层次和效果（图4-16）。

②常见建筑配景色彩表达。

a. 树木的表达方式。配景在建筑钢笔淡彩中能起到锦上添花的作用，在建筑环境中，树木与建筑关系最为密切，它能起到增加层次和延伸空间的作用，着色时一般会是用色彩的纯度来拉开树与树之间的远近关系。

树木的类型有很多，但在建筑钢笔淡彩中无论是形还是色，相对专业绘画而言都会简化处理，其色彩层次少，关键是冷暖对比（图4-17、图4-18）。

图4-16　西递风景　吴波

图4-17　马克笔树的表现　丰顺

图4-18 各种树木表现 奥列佛（美国）

b.其他植被的表现。植被常以绿色为主调，绿色调也是最难把握的色调之一，尤其是当植被成堆会重复之前的颜色，画面就显得无趣乏味，改变色调又与实景色调不符，我们不妨通过整体色调的倾向拉开调子。在笔触上主要通过短笔触、圆点和虚实变化的线来塑造植被的形体特征，用笔时要根据叶子的结构特点来安排笔触的位置和走向（图4-19、图4-20）。

c.石头、石块的表现。在建筑风景中石头也是比较关键的配景之一，它的形态众多且富有硬度。成群的石头、石块错综复杂的结构关系，不但可以调整画面的平衡关系，而且能在具有规律的建筑结构画面中活跃氛围，丰富色彩。在表现石头、石块时注意（图4-21、图4-22）：用笔干脆，不宜过多地往返拖笔；下笔要重，收笔要提；转折处要有明显、硬朗的笔触。

d.天空场景的表现。对建筑场景进行表现时，画天空可以与其他工具相互搭配，比如用彩铅效果会更好；要多种颜色搭配，上色时不要平涂，色彩之间要有层次感和衔接。天空的形态和色彩是根据主体建筑结构和色彩来决定的，一定要根据画面需要灵活处理（图4-23、图4-24）。

图4-19　各种植被表现　杜健

图4-20　各种植被表现　杜健

图 4-21　树下砖石的表现　丰顺

图 4-22　河边石头的表现　杜健

图 4-23　马克笔写生　刘郁兴

图4-24　西递老屋　顾振雷

（2）钢笔淡彩（马克笔）作画步骤

①完善线稿，调整思路。

要想描绘一幅优秀的钢笔淡彩作品，首先要完成一幅精彩的钢笔速写。在画建筑钢笔速写时要注意将画面大的布局安排妥当，尤其是建筑物的结构要交代清楚，透视变化要画的准确，画面的整体效果、虚实关系也要调整到尽可能完美（图4-25）。

②整体观察，把握色调。

根据所画物象色调，选出颜色相对应的几支马克笔，先从画面暗部着色，然后根据暗部色调的冷暖关系，选用色号比较浅的灰色将受光部分铺开。马克笔上色的要点是以平涂为主，落笔肯定，节奏感强，注意结构与透视关系，色不碍线、调子丰富且明快（图4-26）。

图4-25　步骤一

图4-26　步骤二

③细节着色与整体效果 。

在上一步基础上，将暗部层层逐步加深，笔触要有层次感，切勿一次性涂深。为增加画面的光感，受光处可以敷一层暖色，然后点缀一些纯度高的颜色，如植物、人物等，不但可以增加画面的生活情趣，而且丰富了画面的色彩变化，起到画龙点睛的作用（图4-27）。

④整体调整与完成。

整体调整是一幅作品的最后阶段，可用马克笔细头刻画景物细节部分和暗影部分，使画面色调达到和谐统一，画钢笔淡彩要尽可能一次画准，要做到这一点，作画前的仔细观察，着色中的反复比较，后期的认真调整就显得极其重要（图4-28）。

图4-27 步骤三

图4-28 步骤四

4.4 项目4：建筑风景钢笔淡彩（彩铅）表现及步骤

（1）彩铅特点及技法表达

彩铅是常用的绘画工具，它所表现的是一种综合了素描和色彩之间的绘画形式。它的独特性在于色彩丰富且细腻，可以表现出较为轻盈、通透的质感，这是其他工具和材料所不能达到的。彩铅因良好的色彩表现和丰富的表现技法，深受广大手绘爱好者的喜爱。目前彩铅主要有蜡质彩铅和水溶性彩铅两种材质，主要有以下三种技法；

①平涂法。平涂法即用单色的铅笔在画纸上涂抹某个区域，使之覆盖上一层平整均匀的色彩。平涂法在彩铅技法中属于最基本的技法，同时也是其他上色技法演变的基础，所以重视平涂法并耐心练习对于学习彩铅画来说是十分重要的（图4-29）。

②渐变法。渐变法是彩铅里最常用的一种画法，它可以画出颜色更加丰富多变的画面效果。只要是有体积关系的物体就一定要有渐变，可用单色或者多色彩铅笔通过用笔的力度和铺色的面积，体现出颜色渐变的效果（图4-30）。

③叠色法。叠色也是彩铅最常见的一种技法，叠色可以分为单色叠色和多色叠色。颜色的叠加可让画面更加细腻，更加还原物体本身（图4-31）。

图4-29　平涂法　顾振雷

图4-30 渐变法 顾振雷

图 4-31　叠色法　吴波

（2）钢笔淡彩（彩铅）作画步骤

① 完善线稿，调整思路。对于表现传统建筑组合，要注意将画面大的布局安排妥当，尤其是建筑物的结构要交代清楚，透视变化要准确（图4-32）。

② 整体观察，把握色调。彩铅上色的要点是以平涂和叠色为主。要注意控笔力度，上色时由重到轻，颜色形成从深到浅的过渡变化（图4-33）。

③ 色彩搭配与运用。为了不让画面脏掉，

一次性决定好颜色后就不要修改，如需修改，采用色调色温差不多的颜色覆盖；对于把握不准的地方可以留白，想好之后再上色；涂色的时候，不论排线还是平铺线都将线均匀上色一遍，需要加深的地方再考虑叠上相同颜色（图4-34）。

④ 细致刻画，调整完成。整体调整是一幅作品的最后阶段，这时要注意保持手部和彩铅的清洁，避免污渍和颜色混合。涂色时还需要注意色彩的搭配和协调，保证作品的整体美观性（图4-35）。

图 4-32　步骤一

图 4-33　步骤二

图 4-34　步骤三

图 4-35　步骤四

建筑钢笔淡彩与艺术设计专业

5.1 与空间设计专业

建筑风景写生实践是艺术设计专业的基础课程，通过写生实践，一方面，学生对大自然、对传统文化的艺术感知及洞察力得到了很好的培养；另一方面，师生双方增进了交流、沟通、理解，分享思想，探讨设计观念，很好地体现了"教学相长"。因此，建筑风景写生教学应充分结合室内、环境艺术等空间设计专业的特色，系统组织写生实践的教学，才能最大限度地发挥本课程的训练目的，实现写生教学活动的价值。

而在室内、环境艺术等空间设计专业风景写生教学中，建筑风景仅仅满足于再现客观自然形态是远远不够的，应引导学生面对客观形态进行写生研究，以表现建筑对象为主要内容，并在此基础上研究各种相关技法，实现创造主观形态向再现自然形态超越，从而表现出建筑蕴涵的主体精神。教学从思维模式、观察方法等方面入手，引导学生由自然形态过渡到设计形态。学生最直接、最便捷地与大自然零距离地进行交流互动，通过对自然形态的感悟，体验出创造的形式意味。表现上可采用钢笔、马克笔、彩铅、水彩速写等方法，开展建筑物的室内外景观及建筑局部的写生。通过写生学习，学生自我意识发生转变，观念不断更新，视野逐步拓宽，学会自觉地转换视角，细腻感受新鲜的客观世界，从而由再现客观对象变化到表现客观对象，从具象发展到抽象，进而探求形态创造的新空间（图5-1～图5-4）。

图5-1 室内空间手绘 肖欣莲（学生作品）

图5-2 景观手绘表现 谭宁宁（学生作品）

图 5-3　场景表现　余祥晨

图 5-4　室内手绘表现　黄胤程

5.2 与平面设计专业

目前数字媒体、视觉传达等平面设计类专业学生入学前接受的大都是应考式基础专业学习、机械式默记范画和程式化的表现技法。因此，针对平面设计类专业的实践教学中，应该突出"设计"意识，不断鼓励学生进行大胆的想象，使学生尽快放下"像或不像"的思维模式，对"形""色"进行再认识，养成多角度、多方位的思维习惯，进而更好地体验生活、认识生活，达到设计教学中创新意识的培养（图5-5~图5-8）。

5.3 与产品设计专业

对于以培养高技能性人才为目标的职业院校而言，基础的写生能力应与学生的专业方向紧密结合，突出具体专业在写生实践中的应用。不同专业的教学重点和教学内容不尽相同，依据不同专业方向特点，可选择不同的绘画表现手段与内容，如服装、陶艺等产品设计专业则主要体现传统建筑元素中的图案及色彩等。而且，应鼓励学生根据自己的专业方向和表达意境来运用材料（图5-9~图5-12）。

图5-5 黑狮白啤包装设计手绘 潘虎

图 5-6　平面创意手绘　廖宝松

图 5-7 手绘原画 陈琳

图 5-8 手绘原画 张雨辰（学生作品）

图 5-9　服装手绘　张薇

图 5-10　服装手绘　张薇

图 5-11　手绘青花将军罐　杨玲玲

图 5-12　手绘釉上彩壶　杨玲玲

6

建筑风景钢笔淡彩作品赏析

图6-1作品构图主体突出，画面处理娴熟老到，疏密与虚实都得到了很好的体现；线条挺拔流畅，运用自如，既富有较强的装饰意味，同时又展现了深厚的设计速写功底。

图6-1 屏山危房 蒋勇军

图6-2画面采用了经典的三角形构图，呈现出一种稳定大气的效果，造型功底扎实，透视表现严谨；运用自如的线条无疑是画面最大的亮点，老练的疏密与虚实处理，使作品洋溢着浓浓的艺术意趣。

图6-2 宏村旅社 吴波

图6-3作品选景构图恰到好处，技巧娴熟，下笔准确；线条生动流畅，云朵表现信手拈来，刚柔并济，富有设计意味。

图6-3 屏山速写 张辉

图6-4作品在选景构
图上立意比较巧妙，利用
后面的白墙，很好地衬托
了前景的竹篱笆与庄稼等，
并且充分发挥了线条表现
的优势，从而将前景描绘
得惟妙惟肖，使得整个画
面疏密有致，意趣盎然。

图6-4　安徽万村小景　蒋聘煌

图6-5竖构图和一点
透视的准确运用，很好地
表现了小巷子的空间纵深
感，疏密关系表现适当，
线条应用放松自如。最上
面的电线改变下方向和数
量会更好。

图6-5　南屏财宝巷　黄郴（学生作品）

图 6-6 这是一幅以线描为主的建筑速写作品，线条运用自由而熟练，具有很强的趣味性；画面疏密关系与结构穿插处理得很到位，选景别致，突出了物体的质感与审美。

图6-6 南湖茅草棚 刘作著（学生作品）

图 6-7 作品采用成角透视，很好地突出了主体建筑；造型严谨，疏密得当，尤其是对木质结构亭子的刻画，让画面对比性增强，远中近景层次更加分明。

图6-7 南屏洋楼 陈思媛（学生作品）

图 6-8 画面透视严谨，造型准确，很好地利用了线条，将植物和瓦檐表现得比较精到。构图空间稍平，同时墙壁也可以略施笔墨会更好。

图6-8 小燕子饰品店 刘志鹏（学生作品）

图 6-9 作品造型严谨，线条挺拔，前景砖墙和柴火的表现很精彩。但瓦片的线条略显拘谨，巷道的石板路面也还可以稍加表现，以增强画面的疏密对比效果。

图 6-9　屏山小景　易贝奇（学生作品）

图 6-10 作为学生作品，画面的处理已经比较成熟，透视和构图相得益彰，线条流畅，塑造轻松，尤其是人物形象的点缀，使画面洋溢着生动的生活气息。

图 6-10　西递 蒋俊（学生作品）

图 6-11 这位同学对
画面有很好的把控能力，
造型准确，透视严谨，选
景构图俱佳，线条流畅而
松弛，疏密关系处理非常
到位，体现了作者扎实的
造型功底和画面处理能力。

图 6-11　巷子　李剑（学生作品）

图 6-12 构图与透视的准确运用，很好地表现了老宅的广阔视野，线条运用自如老练，虽然画面色块简练，但每块色都有经过深思熟虑，补色的大胆应用，使画面有很强的设计感。

图6-12　屏山老屋　钟勇

图 6-13 这幅水彩的构图视角独特，风格鲜明，屋顶与墙面有强烈的构成感，杂草与树木绿色的冷暖、纯度对比明确，很好地处理了画面空间感。

图6-13　屏山小景　熊琦

图 6-14　淡彩写生　陈鹜杰

图 6—14 这幅淡彩作品写生于太行山农家小院，砖石、植被、屋墙的色块大胆且概括，体现了作者扎实的色彩功底及画面处理能力；颜色透明且富有变化，笔触的合理应用，充分体现了画面的节奏与韵律。

图 6-15　甘南写生　顾振雷

图 6-15 这是一幅用彩铅着色的钢笔淡彩，画面线条运用大胆而熟练，具有很强的设计趣味；结构明确，细节突出，透视准确，疏密关系适当，很好地体现了深邃的建筑空间；色彩整体且富有变化，彩铅的肌理感使墙面更加接近实物。

图 6-16 这位同学的
作品造型严谨，尤其是对
木质结构亭子的刻画，让
画面对比性增强；虚实对
比使画面空间感增强，彩
铅的应用，很好地体现了
亭子的木头质感。

图 6-16　屏山古桥　高宇（学生作品）

图 6-17 这幅画画面
颜色明亮、轻快、丰富洒脱；
透视的准确运用，使整个
画面的节奏与韵律感增强。

图 6-17　古镇　董路遥（学生作品）

图 6-18 的这位同学
对线条的把控能力较好，
线条流畅而松弛，选景构
图、透视的处理，使建筑
产生了独特的视角；色彩
明快，用笔大胆，很好地
体现了太行山老宅独特面
貌。

图 6-18　太行山下　张骞（学生作品）

图6-19　乡下厨房　文建琴（学生作品）

很多同学在写生时，一味地选择大风景、大视野，忽略了身边随处可见的精彩的容易表现的小景，使其作品空旷无味。图6-19这幅作品选景趣味性强，充分地体现了生活的真实；角度刻画细腻，颜色淳朴鲜明，有很强的生活气息。

图6-20这幅作品写生于边城码头，画面明亮、轻快且色彩纯净，笔触的合理应用，体现了画面的节奏与韵律，从而产生了飘逸洒脱、自由丰富的笔触。

图6-20　边城码头　唐伟豪（学生作品）

徽州木雕是徽派建筑四绝之一，多用深浮雕和圆雕，尽显徽派工匠巧夺天工之艺术才华。我们要求服装、数媒等专业的学生对其进行写生刻画，其主要目的是让学生深入了解中国传统文化，体会中国工匠精神，树立正确的专业发展方向。图6-21这幅作品刻画的是徽派建筑局部，造型准确，线条流畅，用色大胆概括，舍弃了多余的细节，木雕纹饰疏密关系处理适当，注重画面的整体感受。

图6-21　安徽木雕　孙可可（学生作品）

图6-22 与上幅作品是同一题材，但表现手法上有所不同，速写应用线面结合的形式，更好地体现了木雕的体积与光影效果；色彩大胆且透明，与写生对象的色彩相比，颜色纯度提高了许多。写生色彩当然也可以是主观表现的，如何上色，最终还得看作者的创作意图，要服从画面的整体需要。

图6-22　木雕写生　廖夕子（学生作品）

图 6-23 这幅作品首先在选景和构图上立意比较巧妙，树与建筑的表现，很好地突出了主次关系；造型严谨，疏密得当，为了加强光色的力度，作者着意加强了色彩的饱和度和厚度，天空、地面等的留白是发挥透明水彩特点的要素之一。

图 6-23　老村子　陈志（学生作品）

图 6-24 这幅作品在处理主次关系上运用了透视法则，对画面进行了合理的安排，构图也巧妙地利用了"V"式构图形式，将太行山建筑复杂的石块墙面归纳适当；薄而透明的用色，既含蓄地表达了建筑的色彩特色，又保留了钢笔线条凝练、概括、快速的个性特征，达到了形与色一气呵成的效果。

图 6-24　太行山村　向家军（学生作品）

图6-25 这幅作品是以建筑为主题的近景题材，在考虑艺术效果的同时，必须注重建筑的透视、构造特点和细节结构，同时也要注意建筑的空间感、体量感等。这些问题在该作品中表现得相对比较到位，但速写稿表现不够充分，欠缺一些钢笔淡彩的韵味。

图6-25 边城 李婉玲（学生作品）

图6-26 这幅作品刻画了一座徽派建筑的门楼，徽派门楼以精美奢侈著称，自古以来，徽州就有"千金门楼四两屋"之说，由此可见门楼的复杂程度不输于几栋建筑的刻画。该作品准确地表达了复杂的透视与结构，灰色调既整体，又富有冷暖变化，利用马克笔的用笔特征，将建筑结构表现得很到位。

图6-26 状元门 李韩冬（学生作品）

图 6-27 这幅画是数媒专业的学生写生作品，虽然透视有所抬高，但画面不失和谐。该作品最可取的是色彩关系，整体的色彩美取决于色彩的组合关系，也可能是受其专业影响，活泼跳跃的主观色彩使画面产生动漫场景的效果。

图 6-27　宏村民宿街　孙淼（学生作品）

图 6-28 这幅作品表现的是太行山上最具代表性的石头建筑，画面用湿画法表现建筑上面的天空及远处的树木，用干重叠画法表现老建筑的砖石结构，加强台阶色彩明度对比，使近景题材的建筑画面产生前后空间距离。

图 6-28　太行山村落　张萱萱（学生作品）

图6-29　木雕狮子绣球　蒋云（学生作品）

近些年来，我院对各设计专业色彩写生课程进行了深入的探讨，这幅是服装专业的学生表现的徽派建筑局部木雕双狮舞绣球。我国古代工艺中的狮纹样，是历代民间艺人加工、提炼并加以图案化的结果，较真狮更英武而活泼。绣球是用丝织品仿绣球花制作的圆球；古代视绣球为吉祥喜庆之品。舞狮为民俗喜庆活动，且寓意祛灾祈福。图6-29作品是一幅水彩速记，先用铅笔构型，再用水彩塑造色彩及明暗关系，画面松紧有持，疏密与虚实使画面更具有趣味性。

图6-30　屏山小景　梁和超（学生作品）

图6-30这幅钢笔淡彩作品选景构图俱佳，灵活应用水彩画技巧，色彩和谐且具有趣味性，画面留白得当，具有写意画的意境，营造出了舒适的视觉感受。

表现建筑与环境时要抓住整体氛围，对复杂的建筑环境要善于归纳与取舍。图6-31这幅学生作品即是在这样的创作意识中追求画面整体氛围的。

图6-31　钢笔淡彩　张紫宸（学生作品）

图6-32作品在选景构图上立意比较巧妙，利用后面的建筑，很好地衬托了中景遒劲且穿插有序的树，并且充分发挥了造型功底，前、中、远景空间处理得当，整个画面疏密有致，意趣盎然；画面色彩一气呵成，追求统一的整体色彩效果。

图6-32　屏山小院　谢裕慧（学生作品）

图6-33 这幅作品整个中景部分含蓄，整体画面中光影分界明显，用笔利落，质朴无华，建筑部分的色彩接近单色却含蓄微妙；造型上注重照壁与门楼的光影节奏，控制了暗部色彩的明度，加强了结构之间的对比关系，使画面光感强烈。

图6-33 太行山村落 朱佳（学生作品）

太行山上被遗弃的村落中有很多类似的小景，在光线的照射下色彩极其丰富，让画者为之激动不已，图6-34这位同学估计也是在这种情况下作画的。作品色彩整体且富有变化，冷暖关系处理适当，发挥出的造型能力将建筑及杂物塑造得非常充分，是一幅优秀的学生作品。

图6-34 太行山老房子 胡建青（学生作品）

参考文献

[1] 夏克梁 . 建筑钢笔画 [M]. 沈阳：辽宁美术出版社，2009 年 .

[2] 孟 鸣，张 丽，柳 涛 . 建筑风景速写 [M]. 沈阳：辽宁美术出版社，2007.

[3] 莫钧 . 湖南科技职业学院室内设计优秀作品集 . 长沙：湖南大学出版社，2015.

[4] 张哲元，顾振雷，陈磊 . 风景写生 [M]. 长沙：湖南美术出版社，2011.

[5] 蒋烨，曾智林 . 现代色彩风景技法 [M]. 长沙：湖南人民出版社，2006.

[6] 丰明高，顾振雷，莫钧 . 建筑风景写生技法与表现 [M]. 长沙：湖南大学出版社，2011.

[7] 张洪亮 . 色彩风景写生教程 [M]. 北京：中国电力出版社，2010.

[8] 朱广宇 . 风景写生与建筑写生 [M]. 上海：东华大学出版社，2017.

[9] 范明亮 . 张剑峰 . 色彩风景写生 [M]. 上海：上海交通大学出版社，2014.

[10] 王炼 . 建筑风景速写全教程 [M]. 重庆：重庆出版社，2015.

后记

艺术设计专业写生实践课程在高校艺术设计专业教学中占据相当的比例，是至关重要的环节之一。它不仅能扩充和巩固学生所学的理论知识，也有利于学生更好地收集创作素材，获得创作灵感，实现理论与实践、艺术与生活的紧密结合。目前各大院校艺术设计专业写生实训教学依旧延续传统的写生模式，强调传统的绘画技法和固定的表现形式，不利于快速提高学生的绘画技能、观察方法以及设计思维能力。因此，根据艺术设计各专业特点，利用高校艺术设计专业写生实践课程，提高学生从专业角度发掘写生时感受的自然美、人文美的元素并加以灵活应用是一个急需解决的问题。

本教材针对高职院校艺术设计专业在风景写生实践教学中存在的问题，结合湖南科技职业学院艺术设计学院写生实践教学过程中的经验，用通俗易懂的文字，从理论基础、常用工具、训练方法与步骤、学习要点等方面进行了生动翔实的描述，并附有对学生优秀作品的点评等内容，以求学生尽快掌握速写、钢笔淡彩和水彩的基本技法，提高手绘基础技能及设计素材的挖掘与收集能力。

本书的编写得到了很多领导、同事和同学的支持和帮助。感谢莫钧院长和蒋勇军、熊琦、钟勇、吴波几位教授的耐心指导，感谢湖南理工学院的刘文良教授、湖南工业职院的刘郁兴教授、常州纺织服装职业技术学院的张辉教授、艺绘坊手绘工作室的廖宝松老师、景德镇杨玲玲老师和长沙卓越手绘的各位老师提供了宝贵的作品图片资料，以及本书中许多的作品图片提供者给予的大力支持（包括无法联系而采用的作品作者）！鉴于编者学术水平有限，本教材难免有不足之处，还望专家与广大师生批评指正，以期再版修正。

顾振雷

2023 年 6 月